BEI GRIN MACHT SICH IHR WISSEN BEZAHLT

- Wir veröffentlichen Ihre Hausarbeit, Bachelor- und Masterarbeit

- Ihr eigenes eBook und Buch - weltweit in allen wichtigen Shops

- Verdienen Sie an jedem Verkauf

Jetzt bei www.GRIN.com hochladen und kostenlos publizieren

Robert Schneider

Mythen des westlichen Nordamerika und ihr historischer Hintergrund

GRIN Verlag

Bibliografische Information der Deutschen Nationalbibliothek:

Die Deutsche Bibliothek verzeichnet diese Publikation in der Deutschen National-
bibliografie; detaillierte bibliografische Daten sind im Internet über http://dnb.d-
nb.de/ abrufbar.

Impressum:

Copyright © 2010 GRIN Verlag, Open Publishing GmbH
Druck und Bindung: Books on Demand GmbH, Norderstedt Germany
ISBN: 978-3-640-76651-2

Dieses Buch bei GRIN:

http://www.grin.com/de/e-book/162820/mythen-des-westlichen-nordamerika-und-
ihr-historischer-hintergrund

Inhaltsverzeichnis

1. Einleitung

Diese Arbeit soll sich mit den Mythen des westlichen Nordamerikas befassen und zu diesem Zweck scheint es mir wichtig, am Anfang der Ausfertigung genauer auf den Begriff „Mythos" einzugehen. Es ist notwendig, vorab zu klären, was dieser Begriff bedeutet und wo er seinen Ursprung gefunden hat. Der Begriff Mythos weist auf Überlieferungen von Völkern und Kulturen hin, wobei sich auch Legenden oder Sagen aus der Religion anschließen können. Eine, meiner Ansicht nach, gelungene Definition führt Baumann an:

„Der Mythos ist [...] ein anschaulich erzählter Bericht, [...] ein für wahr gehaltener Bericht, der aus festgelegten Elementen der Weltanschauung des Volkes besteht; die Akteure des Mythos sind über der Menschengesellschaft stehende Wesen."[1]

Dieses Zitat deutet sehr gut an, um was es sich bei einem Mythos konkret handelt. Wichtig dabei ist, dass der Mythos ein erzählter Bericht ist, welcher von Generation zu Generation weitergegeben wird. Natürlich besteht auch die Möglichkeit, dass ein erzählter Mythos irgendwann aufgeschrieben wird. Ganz wichtig ist, dass der Bericht für wahr gehalten wird. Die Richtigkeit der Mythen ist in der Vielzahl der Dinge nicht bestätigt, jedoch die Personen, die jene Sagen weitergeben, sind in den meisten Fällen überzeugt von den Erzählungen. Umso glaubhafter eine Person die Mythen weitergeben kann, desto mehr Leute können von den Legenden überzeugt werden. Bei einem Großteil der Mythen stehen die zentralen Figuren über der menschlichen Gesellschaft, wie Baumann schon bemerkt hat.

Schon in der griechischen Antike bildeten die Mythen Homers, mit dem hierarchisch gegliederten Götterstaat, die Grundlage der Glaubensvorstellung im antiken Griechenland[2]. Diese Mythenbildung zeigt schon deutlich, dass die vorhandenen Akteure weit über dem normalen Bürger stehen und auch weitreichendere Fähigkeiten haben. Auch in den modernen Western sind die Cowboys sehr eigenwillig dargestellt.

Mythen sind aber mehr als nur bunt ausgeschmückte Erzählungen, bei denen man den Wahrheitsgehalt bezweifeln kann. Mythen, Legenden und Sagen wurden schon in der Geschichte und werden noch in der Gegenwart genutzt, sei es, um die eigenen Truppen in der Schlacht moralisch mit den Mythen zu unterstützen oder zum Beispiel, um der Gesellschaft einen romantischen Eindruck des „Wilden Westen" zu vermitteln. Gerade die Filmindustrie profitiert noch heute von der Mythenbildung des „wilden" amerikanischen Westens.

---

[1] Baumann, H.: S. 3.
[2] Sieck, A.: S. 8.

Die vorliegende Arbeit soll sich mit einigen Mythen des amerikanischen Westens befassen und konzentriert sich nur auf ausgewählte Beispiele. Deswegen kann in dieser Abhandlung nicht der Anspruch auf Vollständigkeit geltend gemacht werden, weil es den Rahmen der Arbeit deutlich sprengen würde. Besonders soll sich mit dem so genannten „Wilden Westen" und den Mythen der nordamerikanischen Indianer befasst werden, obwohl auch hier schon zu sagen ist, dass gerade diese beiden Themenbereiche allein mehrere Bücher füllen könnten und deswegen auch hier nur exemplarisch durchgenommen werden können.

2. Der Wilde Westen

Der Beginn des Mythos Amerika und in diesem Sinne dem Mythos um den wilden Westen, ist schon in der ersten Besiedelung des nordamerikanischen Kontinents zu finden. Einer der ersten Mythen der Vereinigten Staaten von Amerika ist mit Sicherheit der Gründungsmythos, bei dem es darum geht das die ersten Siedler 1620 an einem Felsvorsprung in Massachusetts an Land gingen, um dort die erste Siedlung Plymouth zu gründen. Diese Widerstandsfähigkeit der verfolgten Puritaner in Neuengland wird noch heute in den amerikanischen Schulen gelehrt[3]. Ein weiterer Mythos, der direkt nach der puritanischen Landung in Nordamerika seinen Ursprung findet, ist der Umgang der Neuankömmlinge mit den ansässigen Ureinwohnern. In der amerikanischen Geschichtsschreibung sind die Rollen klar vergeben. Die Indianer werden zwar auch dort erwähnt, jedoch scheint es, als herrschte zu jener Zeit keine gegenseitige Abhängigkeit. Die angekommenen Europäer waren in allen Belangen überlegen und die Indianer förderten nur die Kreativität der Siedler[4]. Der Mythos über die Beziehungen zwischen den Indianern und den Europäern endet schließlich im Sieg der Europäer gegenüber den verwilderten Indianern. Die einzige, durch den Mythos überlieferte und in der Gegenwart weiterhin zelebrierte, Unterstützung der Indianer war die Übergabe des Truthahnes und einigen Gemüsesorten zum heutigen Thanksgiving. Doch dieses Bild über die amerikanischen Ureinwohner ist nicht korrekt dargestellt. Denn erst durch die Indianer konnten sich die Siedler an die neuen Gegebenheiten und die neue Umgebung gewöhnen. Gerade beim Anbau von fremden Feldfrüchten oder bei der Erkundung der Umgebung, mit

---

[3] Blumenthal, P.J.: S. 73.
[4] Jennings, F.: S. VII.

den für die Gegend vorhandenen Gefahren und Möglichkeiten, waren die Ureinwohner überlebenswichtig für die Siedler[5].

Nach der erfolgreichen Besiedlung des Ostens von Nordamerika und mit einigem Zeitabstand, begann die amerikanische Ausdehnung nach Westen. Anfang des 19. Jahrhunderts schritt die Erweiterung des amerikanischen Territoriums schnell voran. Der Westen wurde mit rascher Geschwindigkeit besiedelt. Um dieses Vorhaben erfolgreich durchzuführen, lag es aber auch an den europäischen Mächten, ihre Gebiete abzugeben. Frankreich besaß noch ein riesiges Stück von Amerika und konnte somit noch Einfluss auf die Besiedlung in Richtung Westen nehmen. Zu der Zeit als Napoleon jedoch auf dem europäischen Kontinent seine Interessen verteidigen wollte, machte der amerikanische Präsident Jefferson den Franzosen ein Angebot von 15 Millionen US-Dollar, um das große Gebiet von Louisiana von den Franzosen abzukaufen[6]. Frankreich brauchte damals alles Geld, was sie bekommen konnten, denn die Schwächung durch Kriege und durch interne Probleme, welche auch aus der französischen Revolution stammten, war immens. So kann man durchaus von einem sehr gelungenem Zeitpunkt des Angebotes sprechen, natürlich im Sinne der Amerikaner. Denn obwohl sich das amerikanische Staatsgebiet durch die Rückerlangung des riesigen Areals um fast die Hälfte verdoppelte, war der Preis den sie dafür bezahlen mussten doch relativ einfach aufzubringen.

Bis zum Jahre 1912, in dem die letzten beiden Staaten New Mexico und Arizona zum amerikanischen Gebiet hinzugefügt wurden, war die Ausdehnung des amerikanischen Territoriums vollständig abgeschlossen und das Land wurde sowohl von Ost nach West, als auch von Nord nach Süd vollständig bis zu seinen Grenzen erschlossen. Dabei sollte immer ein besonderes Augenmerk auf die Siedlungsstrukturen in den einzelnen Teilen Amerikas liegen. Ein Punkt, der bei dieser Betrachtung besonders auffällt, ist natürlich das Alter der Städte. Durch die späte Besiedlung, gerade des Westens, weisen die Städte ein geringes Alter auf. Das in den ersten Siedlungen vorherrschende orthogonale Straßennetz, welches seinen Ursprung in Europa und dem hippodamischen Schema findet, wurde bei der westlichen Neubesiedelung durch das 1785 eingeführte quadratische Landvermessungssystem weiter berücksichtigt[7]. Die Siedler, welche in Richtung Westen zogen, waren vorerst noch Abenteuerlustige, Trapper oder Pelzjäger. Erst nach und nach wurde der, zu jener Zeit noch, „wilde" Westen durch weitere Siedler und Farmer besiedelt. Mit fortschreitender Zeit wurden

---

[5] Henningsen, M.: S. 139.
[6] Nagler, J.
[7] Heineberg, H.: S. 260.

aber auch im Westen Schulen, Kirchen, Banken und weitere Behörden installiert[8]. Durch das weitläufige neue Siedlungsgebiet und den sich dadurch ergebenen Möglichkeiten, wurde der Westen sehr zerstreut besiedelt. Es entstanden viel Kleinststädte, die sich aber auch wieder auflösen konnten. Beispielsweise konnte eine Stadt durch vorhandene Bodenschätze innerhalb kurzer Zeit aufblühen und schon nach wenigen Jahren, durch das Aufbrauchen dieser Bodenschätze wieder im Bedeutungslosen verschwinden oder sogar ganz aufgegeben werden.

2.1.   Das romantische Bild der Cowboys

Die klassische Vorstellung eines amerikanischen Cowboys finden wir in der Gegenwart in vielen Bereichen des Lebens. Ob es der Marlboro-Mann ist, welcher einsam durch die Weiten des amerikanischen Westens reitet, oder die Medien, welche uns in der Werbung oder in Film und Fernsehen die Cowboys näher bringen wollen.

Das Bild des auf seinem Pferd, mitten in der schönsten Landschaft Amerikas, in den Sonnenuntergang reitenden Mann, soll seinem Betrachter vor allem das Gefühl von Freiheit vermitteln. Das Bild der Wildnis in der sich der Cowboy bewegt soll dabei sowohl die Gefahr darstellen, in die sich der Cowboy begeben könnte, als auch die Schönheit der Landschaft und der Natur unterstreichen[9]. Dadurch wird dem Betrachter eine Welt weit außerhalb der Großstadt gezeigt, die durchaus auch abseits von Autolärm, Handys und Computer seinen gewissen Reiz hat. Dies ist das typische Bild des amerikanischen Westens, weitab von der Geschichte der Besiedelung oder allgemein von historischen Fakten. Gerade in der heutigen Zeit wirken diese Bilder und Vorstellungen jedoch äußerst wirksam auf die Menschen. Denn in all dem Stress der Gegenwart kommt dem romantischen Bild eines einsamen Mannes mitten in der Wildnis, in völliger Ruhe und weit entfernt von jeglicher Zivilisation, sehr viel Bedeutung hinzu. Besonders der Einklang mit der Natur und die Abgeschiedenheit von jeglicher Technik und Kommunikation, stellt in der hektischen gegenwärtigen Situation ein Wunschtraum vieler Menschen dar.

Dass auch in politisch angespannten Zeiten solche Ansichten über tiefe politische Gräben hinweg führen können, erzählt Randy Roberts in ihrer John Wayne Biographie von 1995. Dort führt sie an, dass es bei Chruschtschows Besuch 1959 in den Vereinigten Staaten von Amerika in Los Angeles zu einem Treffen mit John Wayne und Nikita Chruschtschow kam.

---

[8]Nagler, J.
[9] Wright, W.: S.1.

So standen sich ein sowjetischer Kommunist und ein amerikanischer Antikommunist gegenüber. Da Chruschtschow selbst ein Anhänger der in Hollywood produzierten Western war, musste die Frage der Identität nicht geklärt werden. Da beide dem Alkohol nicht abgeneigt waren, diskutierten beide über die jeweiligen Vorteile ihrer Lieblingsgetränke und die Geschichte endete mit einem Wetttrinken und dem Resultat, dass Chruschtschow in der folgenden Weihnachtszeit John Wayne eine Kiste Vodka zusandte[10]. Die Person John Wayne ist ein guter Ausgangspunkt um den Mythos des Wilden Westens zu beschreiben, denn er verkörpert jene Eigenschaften, wie Gewalttätigkeit und Männlichkeit, die bis hin zur Frauenverachtung reicht, welche der Idealvorstellung eines Cowboys am nächsten kommen.

Die Erzählung rund um den amerikanischen Western sind in einem bestimmten Erzählstil niedergeschrieben. Dieses Modell stützt sich auf ein festgeschriebenes Regelwerk, dass bei der Entstehung einer Erzählung angewendet wird[11]. Auch für den, durch die Filme und Werbungen entstandenen, Mythos gibt es eine bestimmte Bezeichnung. Jene Erzählungen stammen aus dem Genre der „frontier"- Mythologie und gelten als zentraler Bestandteil der amerikanischen Gründungsmythologie. Der Inhalt dieser Mythologie ist auf das Politische ausgelegt und grundlegend beschäftigt sich diese Disziplin mit der Entstehung einer neuen Gesellschaft auf einem leeren Kontinent. Ein wichtiger Bestandteil dieser Mythologie ist das Aufzeigen von Idealen und negativen Sachverhalten. Sei es beim gesellschaftlichen Zusammenhalt oder bei staatlichen Strukturen, dabei werden alle Ebenen der Gesellschaft mit einbezogen und so werden sowohl gesamte Gesellschaften, als auch Einzelpersönlichkeiten repräsentativ dargestellt.[12].

Durch die Darstellung von positiven oder negativen Eigenschaften von Personen oder Gesellschaften wird dem Betrachter somit ein Idealbild von Personen gegeben. Die Realisierung dieses Idealbildes liegt somit in den Händen des Betrachters, jedoch kann die Filmindustrie und vielleicht sogar in diesem Sinne der Staat dem Menschen eine Lebensweise vorführen, die es sich laut den Medien zu leben lohnt. Gerade diese Sachlage macht den Blick auf historische Verfilmungen des Wilden Westens oder Western allgemein so schwer. Natürlich finden sich besonders in historischen Verfilmungen Fakten, die in irgendeiner Quelle dargelegt wurden. Doch gerade die Rahmenbedingungen, wie die Umgebung oder die vorkommenden Personen, sind oft erfunden und dem Grundanliegen des Westerns angepasst. Allein diese Tatsache macht es schwer sich die damalige Welt, in der die Western spielen,

---

[10] Roberts, R., J.S.Olsen: S.1.
[11] Weidinger, M.: S.14.
[12] Weidinger, M.: S.16.

genau vorzustellen. Natürlich gibt es Berichte oder Erzählungen, diese sind jedoch wie beim Beispiel von Karl May größtenteils erfunden.

2.2.   Die „frontier"-Mythologie

Wie schon kurz in dieser Arbeit erwähnt, geht der Gründungsmythos der Vereinigten Staaten von Amerika aus einer bestimmten Art der Mythologie hervor. Genau wie die Gründung der Vereinigten Staaten, so kann man diese Art der Mythologie auch auf den Wilden Westen beziehen. Der Übersetzung des Begriffes „frontier" bedeutet soviel wie Grenze oder Grenzland und ist in diesem Zusammenhang nicht immer rein geographisch mit einer reinen Grenze zwischen zwei Staaten zu verstehen. Viel mehr wird damit die Grenze zwischen Gegebenheiten gemeint. Zum Beispiel die Abgrenzung von einer alten konservativen Politik von der modernen liberalen Politik. Im Verständnis der Gründung der Vereinigten Staaten von Amerika kann damit aber auch die Entstehung einer neuen Gesellschaftsordnung, fernab des „alten" europäischen Kontinents, gemeint sein.

Der Begriff der „frontier"-Mythologie wird auf vielen Ebenen angewendet, so dass er sowohl in wissenschaftlichen Disziplinen, als auch in den Medien zu finden ist. Allein dieser Fakt lässt erahnen, dass es recht schwierig ist, eine genaue Definition des Begriffes zu geben, da aufgrund der unterschiedlichen Themenbereiche in denen er auftritt, es auch unterschiedliche Verwendungen dieses Begriffes gibt. Die ursprüngliche Bedeutung des Begriffes Mythos, welcher in dem Wort vorhanden ist, bezeichnet eine überlieferte Erzählung, welche sich mit der Geschichte eines Volkes beschäftigt und in diesem Sinne speziell auf die Entstehung der Erde und der Menschheit eingeht. Besonders in der Phase der Entstehung einer neuen Gesellschaft oder Nation, ist die Bildung nationaler Mythen von großer Bedeutung. Diese Mythologisierung von meistens schon gegebenen historischen Fakten ist nötig, um ganz rationale Fakten eines historischen Ereignisses auf eine emotionale Ebene hinzuleiten und damit der Bevölkerung näher zu bringen[13]. Der amerikanische Westen ist zwar nicht gleichbedeutend mit der Gründung der Vereinigten Staaten von Amerika, jedoch bilden sich um die Besiedlung des Westens genauso viele Mythen. Das ist dadurch zu erklären, dass der nordamerikanische Kontinent sehr groß ist und natürlich nicht sofort gleichmäßig erschlossen wurde. Von den ersten Siedlern bis hin zur vollständigen Erschließung des Landes vergingen fast dreihundert Jahre und so wurde im Laufe der Geschichte immer wieder neues Land in Besitz genommen. Diese immer wieder weitergeführte Vergrößerung der „frontier", mit den

---

[13] Weidinger, M.: S.59.

stattgefundenen Indianerkriegen, ließ einige Mythen entstehen. Die Helden jener Zeit waren zum einen natürlich die erfolgreichen Siedler, welche sich in dem fremden Land niedergelassen haben. Zum anderen gab es aber auch eine Gruppe von Helden, welche sich sowohl mit den Indianern, als auch mit den Siedlern bestens auskannten. Diese Personen konnten sich mit beiden Seiten verständigen und kannten sich auch besonders gut mit der Kultur der amerikanischen Ureinwohner aus. Gerade durch ihre Loyalität gegenüber beiden Seiten wurden jene Helden durch die Indianerkriege in eine moralische Engstelle getrieben[14].

In moralischer Hinsicht ist die Umgebung der „frontier"-Mythologie durch ganz bestimmte Grenzen geteilt. Davon sind die wichtigsten Einheiten mit Sicherheit jene Gegensätze von der Wildnis und der Zivilisation oder bei den Individuen die Einteilung zwischen den Weißen und den Indianern. Dieser Teil der Mythenbildung war lange Zeit sehr prägend für das Verhältnis zwischen den amerikanischen Ureinwohnern und den neu eingetroffenen Siedlern. Besonders die Vorstellung, dass man eine imaginäre Grenze überquert, wenn man in das Land der Indianer eintritt, zeigt deutlich die Geringschätzung gegenüber den amerikanischen Ureinwohnern. Es herrschte der Glaube, dass man beim Übertreten dieser Grenze einen Rückschritt in die Wildnis machte, da die Indianer nicht zivilisiert waren, sondern in einer primitiven Gesellschaft lebten[15].

Die Grundlagen des Westerns sind in literarischen Werken zu finden. Die Mythologisierung fand mit Sicherheit auch schon in den frühen literarischen Erzählungen über den Westen statt, jedoch ist der endgültige Durchbruch von romantischen Vorstellungen über den wilden Westen natürlich durch die Filmindustrie entstanden. Dabei sind die Wurzeln der „frontier"-Mythologie schon bei den Puritanern entstanden und entwickelten sich immer weiter. Einen ersten Höhepunkt der Mythologie lässt sich im 19. Jahrhundert bei den Werken von James Fenimore Cooper feststellen. Der endgültige Höhepunkt jedoch ist mit Sicherheit in der Filmindustrie und den auch dadurch entstandenen Wild-West Shows zu sehen[16]. Die frühesten Werke aus dem 17. Jahrhundert sind von den Puritanern geschrieben und behandelten größtenteils das Zusammenleben der Siedler mit den amerikanischen Ureinwohnern. Dabei waren die kriegerischen Auseinandersetzungen von besonderer Bedeutung für die damalige Zeit. In diesen so genannten „Captivity Narratives" wurde vor allem versucht, die amerikanischen Ureinwohner als gewalttätige und primitive Personen darzustellen. Ein Beispiel jener Erzählungen stammt von Mary Rowlandson aus dem Jahre 1682. Dieses Werk

---

[14]Slotkin, R.: S.14.
[15]Slotkin, R.: S.14.
[16] Weidinger, M.: S.62 f.

beschäftigt sich mit der indianischen Gefangenschaft der Autorin und wurde in der amerikanischen Literaturgeschichte sofort ein Bestseller und wurde immer wieder neu aufgelegt[17].

2.3.   Buffalo Bill und Sitting Bull

Eine der bekanntesten Gegensätze zweier Männer des Wilden Westens ist mit Sicherheit jene des geistigen Führers des Sioux Stammes und dem Helden des amerikanischen Westens. Doch bevor ein genauerer Blick auf die Entstehung des Mythos der Divergenzen eines Indianers und eines Weißen geworfen werden soll, muss man vorab die beiden Persönlichkeiten des Wilden Westens darstellen.

Tatanaka Yotanka, wie der Sitting Bull von seinen Stammesmitgliedern genannt wurde, war kein Häuptling der Sioux. Seine Person vereinte die Eigenschaften eines geistigen Führers und des Mediziners in seinem Stamm. Bei den mehr oder weniger erfolgreichen Schlachten, welche von den Indianern im 19. Jahrhundert gegen die weißen Siedler ausgetragen wurden, hielt er sich stets im Hintergrund und überließ den erfolgreichen Kriegsherren wie Gall das Schlachtfeld und damit den Ruhm und die Ehre nach einem Sieg. Dabei war Sitting Bull mit Sicherheit nicht so unnahbar, wie zum Beispiel Offiziere bei den weißen Siedlern. Er war offen für andere Meinungen und ließ sich auf Diskussionen ein. Wenn jemand schlagfertige Argumenten zu einem Thema vortragen konnte, so ließ sich der geistliche Führer auch von einer anderen Meinung überzeugen[18]. Seine Stellung als Anführer machte er in einem Alter von 26 Jahren geltend. Im Herbst des Jahres 1856 stellte er seinen Mut unter Beweiß, indem er die Pferde des feindlichen Crow Stammes stahl. Diese besaßen die besten Pferde im ganzen südlichen Westen des Landes[19]. Dieser Kriegszug gegen die Feinde war besonders gefährlich und konnte dem Sitting Bull durch die erfolgreiche Beendigung eine Menge Ansehen im eigenen Stamm einbringen. In einer Nacht ritt der Anführer mit einigen Männern in das Lager der Crows und konnte eine große Anzahl von Pferden von dem feindlichen Stamm entwenden. Das Beste an der Sache war jedoch, dass Sitting Bull dafür nicht kämpfen musste und die Pferde in der Dunkelheit ohne Verluste oder Kampfhandlungen entwenden konnte[20]. Natürlich bemerkte der Stamm der Crows ihren Verlust am nächsten Morgen und machten

---

[17] Weidinger, M.: S.65 f.
[18] Heeb, C., T.Jeier: S.17 f.
[19] Vestal, S.: S.26.
[20] Vestal, S.: S.27 f.

sich sofort auf die Suche nach den Pferdedieben. Da die Sioux mit der großen Herde von Pferden nur sehr langsam vorankamen, holten die Crows ihre Feinde sogar zu Fuß ein. Den entscheidenden Schritt für seinen Ruhm und die Ehre im eigenen Stamm machte Tatanka Yotanka jedoch mit der darauffolgenden Aktion. Einem Kampf schien nun nichts mehr im Wege zu stehen, jedoch hätte es dem Sitting Bull nur geringes Ansehen verschafft, wenn er die feindlichen Crows im Kampf besiegt hätte. Um von seinem eigenen Stamm zum Anführer gewählt zu werden, musste er jedoch eine besondere Tat vollbringen. Im Bewusstsein, dass er ein guter Schütze war, stellte er sich dem Stamm der Crow und setzte von seinem Pferd ab. Danach rannte er auf den Anführer der Crow zu und schoss ihn nieder, nachdem er vorher seine Waffe laden konnte und der Anführer der Crows ihn verfehlte[21]. Durch diese riskante Tat und dem darauf folgenden Rückzug der Crows, wurde der Sitting Bull bei seiner Rückkehr zu seinem Stamm gefeiert und er wurde zum Anführer der Kriegergesellschaft „Midnight Strong Hearts" gewählt[22].

William Frederick Cody, besser bekannt als Buffalo Bill, war jener Mann, der es schaffte, den Wilden Westen zu kommerzialisieren und ihn zu einem der erfolgreichsten Entertainmentbereiche seiner Zeit zu machen. Cody wurde 1846 in Iowa geboren und durchlief in seinem Leben viele Stationen. Er war Büffeljäger, Armeescout und Reiter des Pony-Express, um nur einige seiner Tätigkeiten zu erwähnen. Seinen Namen, Buffalo Bill, erhielt er bei seiner Station als Büffeljäger für die Eisenbahngesellschaften, bei der er viele tausende Büffel tötete. Die Mythologisierung von Cody wurde durch den Schriftsteller Ned Buntline[23] vorangetrieben, der aus den Tätigkeiten Bufallo Bills die schillernde Biographie eines Helden des Wilden Westens schuf[24]. Bis zu seinem Tod war Buffalo Bill der Held von vielen sogenannten dime-novels[25] und Theaterstücken[26].

---

[21] Heeb, C., T.Jeier: S.20.

[22] Vestal, S.: S.30.

[23] Ned Buntline hieß in Wirklichkeit Edward Zane Caroll Judson und schrieb dime-novels unter seinem Pseudonym Ned Buntline. Das erste Werk mit Buffalo Bill als Held der Novelle wurde 1869 im New York weekly abgedruckt und später als Buch mit dem Titel „Buffalo Bill, the King of Border Men" veröffentlicht. Kasson, J.S.: S. XII.

[24] Weidinger, M.: S.83.

[25] Durch die zunehmende Verstädterung im amerikanischen Osten und der damit einhergehenden Verbesserung des Bildungsgrades der Bevölkerung, kam es im 19. Jahrhundert zu einer Massenproduktion von billiger Literatur. Die Inhalte dieser Groschenromane erzählten häufig Geschichten, die man von ihrer Handlung im frontier-Bereich vorfinden kann. Gerade die Heldengechichten von weißen Siedlern, welche sich gegen die gefährlichen Indianer zur wehr setzten, fanden in jener Literatur großen anklang. Weidinger, M.: S.71.

[26] Kasson, J.S.: S. XI.

1882 wurden zu den Feierlichkeiten des 4. Juli in Nebraska eine Art Wild West Show von Cody organisiert, bei der einige Wettbewerbe ausgetragen wurden, die das Schießen oder sonstige Aktivitäten, welche von den damaligen Cowboys durchgeführt wurden, beinhalteten. Die Veranstalltung erreichte großes Interesse beim Publikum und jener Erfolg, der durch diese Attraktion Buffalo Bill zuteil wurde, nutze Cody um seine Idee der Wild West Show in noch größere Dimensionen zu erweitern. 1883 eröffnete dann die Show „Buffalo Bill's Wild West" und blieb bis zu seinem Tod im Jahre 1917 erhalten[27]. Die Bilder, die durch Codys Wild West Show um die ganze Welt gegangen sind, prägten die Vorstellung des Wilden Westens in sehr bedeutsamer Weise. Aufgrund jener Shows wurde die Mythologisierung des Wilden Westens immer weiter voran getrieben und eigens für die Show konzipierte Showeinlagen, wie zum Beispiel die der Verfolgungsjagden zwischen verschiedenen Akteuren oder des sehr häufig verwendeten Postkutschenüberfalls, wurden durch die Filmindustrie übernommen und prägten dadurch das Bild des Wilden Westens in der Bevölkerung[28].

1885 willigte Sitting Bull ein, mit Cody und seiner Show aufzutreten[29]. Der Anführer war sich mit Sicherheit seines nicht nur kommerziellen, sondern auch kulturellen Wertes sicher. Denn durch die Aufführungen und die damit vermittelten Werte, konnte er der Bevölkerung die Kultur der amerikanischen Ureinwohner näher bringen. Doch Sitting Bull inszinierte kein Cowboy und Indianer Schauspiel, sondern präsentierte sich lediglich dem Publikum und sprach bei einigen Auftritten ein paar Worte[30]. Die Zuschauer wollten den Indianer jedoch als gefährlichen und durchaus böswilligen Feind der weißen Siedler sehen und somit hielt sich die erste Begeisterung gegenüber dem amerikanischen Ureinwohner sehr zurück. Im Laufe der viermonatigen Tour durch verschiedene Städte in den Vereinigten Staaten von Amerika und Kanada wurde er zu einer Sensation für das Publikum, besonders in Kanada[31]. Denn obwohl er die Erwartungen der Zuschauer als gefährlicher Indianer nicht erfüllen konnte, war es für das Publikum dennoch ein Erlebnis einen orginalen Teil ihrer Landesgeschichte zu sehen. Nach der Beendigung des Showprogramms zog sich Sitting Bull zurück und lehnte eine Vertragsverlängerung mit der Wild West Show ab. Die sozialen Verhältnisse in den Städten, die er durch die Tour besuchte, schreckten den Anführer ab und natürlich kann man davon ausgehen, dass es eine ganz neue Erfahrung für den amerikanischen Ureinwohner

---

[27] Weidinger, M.: S.84.
[28] Weidinger, M.: S.86.
[29] Bridger, B.: S.316.
[30] Bridger, B.: S.319.
[31] Russel, D.: S.316.

gewesen sein muss, in den Städten aufzutreten, denn der Unterschied zwischen dem Leben im Reservat und dem Leben in der hektischen Stadt war sicherlich sehr groß[32].

3. Mythen der amerikanischen Ureinwohner

3.1. Der Koyote in den indianischen Mythen

Der Koyote nimmt in den Mythen der amerikanischen Ureinwohner eine besondere Stellung ein. Von der Enstehung des Feuers und der Erde, bis hin zu Gestalten die in Form eines Koyoten auftreten, wird das wolfsähnliche Tier immer wieder in den Geschichten der Indianer erwähnt.

Der Koyote gilt dabei als besonders listig und tritt dadurch auch als Trickser auf. In den Legenden und Erzählungen Europas ist der Trickser als mythologische Figur eher nebensächlich. Außer dem berühmten Till Eulenspiegel, welcher sich mit seinen Lügen und Tricks durch sein Leben bringt, ist kaum ein Trickser oder Täuscher in der Mythologie Europas zu finden. Ganz im Gegensatz zu den Legenden Nordamerikas. Dort spielt die Figur des Tricksers eine zentrale Rolle. Dabei ist ein weiterer wichtiger Unterschied im Auftreten dieses Täuschers anzumerken. In den europäischen Erzählungen tritt er meist, wie besonders bei Till Eulenspiegel zu sehen ist, als menschliche Figur auf. Die Mythen Nordamerikas jedoch stellen jene Figur als Tier dar, oder wenigstens als menschliche Figur in einer Verkleidung[33].

Die Legende um den Old Man Coyote zählt zu den bedeutsamsten Mythen der amerikanischen Ureinwohner. Viele Geschichte erzählen die Begebenheiten des Kojoten, der jedoch auch in menschlicher Gestallt auftreten konnte. Dem Coyoten wird in den Geschichten viele Eigenschaften zugeschrieben. Von seiner List ausgehend kann er sowohl überschwenglich, als auch boshaft den Menschen gegenüber sein[34]. In den Legenden der amerikanischen Ureinwohner ist der Coyote eines der ersten Lebewesen, welches schon lange vor dem Menschen auf der Erde war[35]. Diesen mythischen Tieren sprach man eine schöpferische Kraft zu, wobei sie gegen die menschlichen Schwächen wie Dummheit oder Faulheit immun zu seien schienen. Der Gegenspieler des Koyoten ist der als weise bekannte

---

[32] Russel, D.: S.317.
[33] Erdoes, R., A. Ortiz: S.1.
[34] Heeb, C., T.Jeier: S.86.
[35] Lynch, P.A., J. Roberts: S.27.

Wolf. Eine besondere Legende erzählt die Unstimmigkeit der beiden Tiere bei der Erschaffung der Welt. Dabei wollte der Wolf den Menschen nach seinem Ableben wieder auf die Erde zurückholen, der Koyote sprach sich dagegen aus, weil es ansonsten zuviele Menschen auf der Welt geben würde. Der Koyote setzte sich durch und überzeugte den Wolf von seinen Ansichten[36]. Ein Mythos, der von den Crow-Indianern erzählt wird, ist jener über die Erschaffung der Erde und der Menschheit. In dieser Geschichte ist der Koyote noch vor der Menschheit auf der Erde und sitzt allein auf der Erde. Die einzigen Lebewesen auf der Erde sind bis dahin der Koyote und noch ein paar Enten[37]. Der Koyote fragte die vorbei schwimmenden Enten, ob sie nicht unter die Oberfläche tauchen könnten, um nach jemanden zu suchen, denn nach seiner Meinung war es nicht gut, dass sie so alleine auf der Erde gewesen waren. Die Enten tauchten und nach anfäglichen Misserfolgen fand eine Ente ein bisschen Schlamm und der Koyote fragte die Sonne, ob sie das Stück Schlamm zu Erde machen konnte. Die Sonne machte den Schlamm zu einer riesigen Landmasse, damit sie viel Platz hatten[38]. Bei den Darstellungen von Heeb und Jeier, beziehungsweise der Betrachtung Lowie, gibt es bei den nachfolgenden Ereignissen einen zeitlichen Unterschied. Heeb und Jeier stellen die Erschaffung des Menschen hinter die der Pflanzen und Gebirge, wogegen es sich bei Lowie genau in umgekehrter Weise ereignet. Jedoch soll diese kleinere Differenz zwischen den zwei Werken nicht entscheidend für den weiteren Verlauf sein. Der Koyote erschaffte, nachdem er die Kontinente entstehen ließ, die Vegetation und die endogenen Formen der Erde, weil die Kontinente an sich ihm viel zu leer erschienen. Doch der Koyote langweilte sich auf der Erde und so erschuf er einige Männer und später auch noch Frauen zur Fortpflanzung. Im weiteren Verlauf, als der Koyote noch einen anderen Koyoten traf, erschuf er auch noch andere Lebewesen[39].

Eine weitere Erzählung, die den Koyoten betrifft, ist jene von der Enstehung des Feuers. Laut den Legenden fiel eines Tages Asche vom Himmel und die Menschheit wurde erstmals aufmerksam auf das Feuer. Die Neuigier des Menschen trieb ihn dazu, nach dem Feuer zu sehen und so sandte er verschiedene Tiere aus, um genauere Informationen über das Feuer zu bekommen. Ein Vogel fliegt in die Höhe und konnte das Feuer in weiter Entfernung sehen, so dass sich der Koyote auf den Weg machte, um das Feuer zu holen. Der Koyote trägt dabei

---

[36]Heeb, C., T.Jeier: S.86.
[37]Heeb, C., T.Jeier: S.88.
[38] Diese Darstellung wurde aus dem Werk von Lowie genommen, wobei die Autoren Heeb und Jeier die Entstehung etwas differenzierter darstellen. In ihrem Werk gehen sie davon aus, dass nicht die Sonne die Kontinente erschuf, sonder das der Koyote mit dem Stück Schlamm in seiner Hand die Kontinente formte. Lowie, R.H.: S.14.
[39]Heeb, C., T.Jeier: S.89.

einen Kopfschmuck aus entzündbarem Holz und bei einem Fest der Feuerbesitzer stiehlt er das Feuer, indem er seinen Kopfschmuck mit dem Feuer entzündete und es im Anschluss auf einen Berg in Sicherheit brachte[40].

Für die Region des westlichen Nordamerikas ist mit Sicherheit der Mythos über die Entstehung des Grand Canyons von besonderer Bedeutung. Dabei handelt es sich wieder um eine Legende des Koyoten. Der Koyote begegnete einem Mann, der schwere Felsbrocken von einem Ort zu anderen bewegen konnte, ohne sich dabei körperlich anzustrengen. Erstaunt von dieser Leistung bat der Koyoten den Mann, ihm sein Geheimnis zu verraten und dieser tat es dann auch mit der Warnung, dass er die Steine nur viermal verschieben durfte. Doch der Koyote verzählte sich und die Felsbrocken lösten sich und verfolgten den Koyoten. Schließlich holten sie ihn ein und begruben ihn unter sich. Mit Hilfe eines Adlers, dem der Koyote sagte, dass ihn die Felsbrocken verspotetten, konnte sich der Koyote befreien. Der Adler stürzte sich voller Wut auf die Felsen und traf sie genau in der Mitte[41]. Dadurch das die Steine also durch den Adler gesprengt wurden und zu allen Seiten flogen, entstand der Grand Canyon. Der Koyote war anscheinend so begeistert und erstaunt von der Felsformation, dass er sich schwor dieses Reich für immer zu bewachen uns deswegen entstehen auch immer neue Mythen um den Gran Canyon und seinen Schutzherren. 1983 ließ der Koyote anscheinend einen riesigen Felsbrocken abstürzen, nur um den Menschen zu zeigen welche enormen Kräfte er aufbringen konnte[42].

4. Fazit

Diese Arbeit sollte dazu gedacht sein, einen kurzen Einblick in die Mythologie des amerikanischen Westens zu geben. Dabei wurden verschiedene Themen behandelt und versucht wichtige Personen oder Hintergründe für die Entstehung und Aufrechterhaltung jener Geschichte zu erklären. Mit Sicherheit ist dieses Werk nur ein kurzer Einblick in ein sehr umfangreiches Thema, bei dem man sich durchaus weitere Schwerpunkte setzen könnte.

Mythen und Legenden sind schon seit der jüngsten Geschichte im Volk beliebt und tragen an vielen Stellen auch zur Selbstfinfung bei. Gerade die amerikanische „frontier"-Mythologie zeigt mit aller Deutlichkeit der Bevölkerung einen Gründungsmythos der eigenen Nation.

---

[40] Seifert, B.: S.26.
[41] Heeb, C., T.Jeier: S.89.
[42] Heeb, C., T.Jeier: S.88.

Dabei wird nicht nur versucht den Amerikanern ihre eigene Geschichte näher zu bringen oder ihnen das Gefühl ihrer eigenen Identität zu vermitteln, sondern in vielen Fällen sind solche Geschichten auch dazu gedacht, den Menschen ein idealistisches Bild vorzustellen. Mit diesem Bild versucht man den Menschen den rechten Weg zu weisen und ein wenig manipulativ auf sie einzuwirken. Die Mythen des Wilden Westens sind die Grundlage der im 19. Jahrhundert verfassten dime-novels. Diese sehr exklatorisch verfassten Werke waren zur Unterhaltung gedacht und müssen immer wieder in Beziehung mit der damaligen Zeit gesetzt werden. Zu jener Zeit wurden die Städte im amerikanischen Osten immer dichter und die Bevölkerungszahlen stiegen nicht nur durch die Einwanderungen von europäischen Auswanderern. Die sich stetig vermehrende Bevölkerung erreichte einen gewissen Bildungsstand und die Analphabetenrate wurde durch die Errichtung von Schulen gemindert. Durch diese Entwicklung kam es zu einer regelrechten Überflutung des Büchermarktes mit billigen Büchern, die von ihrer literarischen Qualität eher im unteren Niveau angesiedelt werden konnten. Die Geschichten handelten von Helden aus dem Wilden Westen und ließen die Menschen von Freiheit und von weiten, fast leeren Landschaften träumen. Die Darstellung der amerikanischen Ureinwohner als gefährliche Wilderer diente dazu, die damaligen Helden in einem famosen Licht darzustellen. Der Sieg über die sogenannten Rothäute wurde als Triumph der überlegenden weißen Bevölkerung gefeiert und trug natürlich zur Bildung einer Einheitlichen amerikanischen Nation bei. Der entgültige Durchbruch der Wild-West-Mythologie ist jedoch mit dem Auftreten von Buffalo Bill zu erkennen. Dieser vielseitige Herr wußte es, sich zu jener Zeit zu vermarkten und trieb mit seinen Wild West Shows die Mythologisierung des Westens voran. Im Gegensatz zu der kommerziellen Vermarktung des Westens, stehen die Mythen der amerikanschen Ureinwohner. Diese erklären die Entstehung der Welt und des Menschen. Da die Indianer sehr naturverbunden leben, versuchten sie auch den Ursprung allen Lebens mithilfe von Tieren und anderen Lebewesen darzustellen. In dieser Arbeit wurde speziell auf den Koyoten eingegangen, weil sich dieser in zahlreichen Legenden wiederfindet. Jedoch ist er nicht der einzige Vertreter der indianischen Mythen. Auch Hasen, Adler, Enten, Wölfe, Schlangen, Büffel und weitere Tiere finden sich in den Erzählungen wieder. Durch die verschiedenen Erzählungen wird jedoch nicht nur die Entstehung der Welt oder der Ursprung verschiedener geologischer Formen erklärt. Die Tiere besitzen auch menschliche Attribute. So wurde der Koyote als listig und manchmal übermütig beschrieben und dem Wolf wurde viel Weisheit zugesprochen. Die Namen welche die Indianer besitzen, wie zum Beispiel Sitting Bull oder Fox Eyes, deuten auch des Öfteren auf gewisse Merkmale von Tieren hin. Bei diesen Beispielen kann man die Naturverbundenheit der Indianer erkennen.

Die Mythen werden durch Erzählungen oder literarische Werke von Generation zu Generation gegeben und sind Teil des Kulturgutes der Menschheit. Die Glaubhaftigkeit der einzelnen Geschichten sollte jedoch immer in Frage gestellt werden, denn auch wenn es historische Fakten zu bestimmten Mythen gibt, so ist die Ausschmückung der Erzählungen doch meist in großem Umfang geschehen, so dass die Mythen von der Realität stark abweichen. Trotzdem sollte man meiner Meinung nach die Mythen als literarisches Kulturgut erhalten und nicht aufgeben.

BAUMANN, H. (1959): Mythos in ethnologischer Sicht. In: Studium Generale 12/1: S.1-17. Berlin.

BLUMENTHAL, P.J. (2006): Schmelztigel USA: Die Eroberung der Neuen Welt. In: P.M. History. 9/2006. S. 70-77. München.

BRIDGER, B. (2002): Buffalo Bill and Sitting Bull. Inventing the Wild West. Texas.

ERDOES, R., A. ORTIZ (1999): American Indian Trickster Tales. New York.

HEEB, C., T. JEIERN (2008): Mythen & Legenden: Indianer. Würzburg.

HEINEBERG, H. (^{3}2006): Stadtgeographie. Paderborn.

HENNINGSEN, M. (2009): Der Mythos Amerika. Frankfurt am Main.

JENNINGS, F. (1975): The Invasion of America: Indians, Colonialism, and the Cant of Conquest. New York.

KASSON, J. S. (2003): Introduction. In: Cody Weltmore, H., Z. Grey (2003): Buffalo Bill. Last of the Great Scouts. S. XI-XVIII. Nebraska.

LOWIE, R.H. (1993): Myth and traditions of the Crow Indians. Nebraska.

LYNCH, P.A., J. ROBERTS (2004): Native American Mythology A to Z. Second Edition.New York.

NAGLER, J. (2004): Von den Kolonien zur geeinten Nation. Internet: http://www.bpb.de/publikationen/3JOCFU,3,0,Von_den_Kolonien_zur_geeinten_Nation.html #art3. 14.11.2010.

ROBERTS, R., J.S. OLSON (1975): John Wayne. American. New York.

RUSSEL, D. (1960): The Lives and Legends of Buffalo Bill. Oklahoma.

SCHÄFER, G. (2006): Mythen. Mit der geheimnisvollen Energie rechnen. Norderstedt.

SEIFERT, B. (1990): Die Herkunft des Feuers in den Mythen der nordamerikanischen Indianer. München.

SIECK, A. (2005): Mythologie der Antike. München.

SLOTKIN, R. (1992): Gunfighter Nation. The Myth of the Frontier in Twentieth-Century America.New York.

VESTAL, S. (2002): Sitting Bull. Champion of the Sioux: A Biography. Oklahoma.

WEIDINGER, M. (2006): Nationale Mythen-männliche Helden. Politik und Geschlecht im amerikanischen Western. Frankfurt.

WRIGHT, W. (2001): The Wild West. The Mythical Cowboy & Social Theory. London.